BEI GRIN MACHT SICH IHR WISSEN BEZAHLT

- Wir veröffentlichen Ihre Hausarbeit, Bachelor- und Masterarbeit

- Ihr eigenes eBook und Buch - weltweit in allen wichtigen Shops

- Verdienen Sie an jedem Verkauf

Jetzt bei www.GRIN.com hochladen und kostenlos publizieren

GRIN

Felix Kasten

Euler-Lagrange-Gleichungen in der angewandten Analysis

GRIN Verlag

Bibliografische Information der Deutschen Nationalbibliothek:

Die Deutsche Bibliothek verzeichnet diese Publikation in der Deutschen National-bibliografie; detaillierte bibliografische Daten sind im Internet über http://dnb.d-nb.de/ abrufbar.

Impressum:

Copyright © 2011 GRIN Verlag GmbH
Druck und Bindung: Books on Demand GmbH, Norderstedt Germany
ISBN: 978-3-656-37179-3

Dieses Buch bei GRIN:

http://www.grin.com/de/e-book/209474/euler-lagrange-gleichungen-in-der-ange-wandten-analysis

Mathematisches Seminar - Angewandte Analysis

Thema 1 :   **Euler- Lagrange- Gleichungen**
         bearbeitet von Felix Kasten - Lehramt Mathematik und Chemie für Gymnasien

- Lagrangesche Mechanik auf dem Konfigurationsraum $Q = \mathbb{R}^n$:

  – Das Hamiltonsche Variationsprinzip der stationären Wirkung $\delta \int L(q, \dot{q}) dt = 0$ und die daraus entstehenden Euler- Lagrange- Gleichungen $\frac{d}{dt} \frac{\partial L}{\partial \dot{q}} = \frac{\partial L}{\partial q}$

- Lagrangesche Mechanik auf $\mathbb{R}^n$, $n = 1, 2, 3$:

  – Ein Punktteilchen im $\mathbb{R}^n$ der Masse m in einem Feld mit dem Potential $U : \mathbb{R}^n \to \mathbb{R}$ genügt den Euler- Lagrange- Gleichungen zur Lagrange- Funktion $L(q, \dot{q}) := \frac{1}{2} m |\dot{q}|^2 - U(q)$.

  – Die Gesamtenergie $H = \frac{1}{2} m |\dot{q}|^2 + U(q)$ bleibt konstant, und ist $U = \mathrm{const}$, dann bleibt auch der Impuls $p := m\dot{q}$ erhalten.

- Lagrangesche Mechanik auf $(\mathbb{R}^3)^N$:

  – Ein System aus N Punktteilchen im $\mathbb{R}^3$ der Masse m_i, zwischen denen eine konservative Kraft mit nur einem vom Abstand abhängigen Zwei- Teilchen- Potential $U = U(r)$ wirkt, z.Bsp. $U(r) = -\frac{G}{r}$, genügt den Euler- Lagrange- Gleichungen zur Lagrange- Funktion $L(q_1, ..., q_N, \dot{q}_1, ..., \dot{q}_N) := \frac{1}{2} \Sigma_i m_i |\dot{q}_i|^2 - \Sigma_{j \neq i} m_j m_i U(|q_i - q_j|)$.

  – Die Gesamtenergie $H = \frac{1}{2} \Sigma_i m_i |\dot{q}_i|^2 + \Sigma_{j \neq i} m_j m_i U(|q_i - q_j|)$, der Gesamtimpuls $\Sigma_i m_i \dot{q}_i$ und der Gesamtdrehimpuls $\Sigma_i q_i \times m_i \dot{q}_i$ bleiben erhalten.

Inhaltsverzeichnis

1 Einleitung

In diesem Seminar geht es um die mathematische Modellierung und Optimierung von Windkraftanlagen bzw. Windrädern. Dazu wird es notwendig sein einführend auf die Mechanik einzugehen. Die Mechanik handelt von der Dynamik der Teilchen, starren Körpern oder auch kontinuierlichen Medien (Flüssigkeiten, elastische Materialien). Die Mechanik hat durch die Mechanik Newtons[1] eine enorme Rolle für die Mathematik, Technik und Naturwissenschaften zugesprochen bekommen. Die Entwicklung von Differentialgleichungen wurde durch die Behandlung der Mechanik angeregt. Heutzutage ist der Einfluss sogar auf die Gruppendarstellung, Geometrie und Topologie nachweisbar, wobei sich diese Entwicklungen wieder auf die anderen Wissenschaften auswirk(t)en. Für dieses Seminar interessante Formulierungen der Mechanik sind einerseits die durch Lagrange[2] und andererseits die durch Hamilton[3]. Diese sind umfassender als die Formulierung der Mechanik Newtons, da sie auch Feldtheorien und Zwangsbedingungen berücksichtigen. Dabei unterliegen diese zwei Formulierungen unterschiedlicher Betrachtungsweisen der Mechanik. Während die Hamiltonsche Mechanik unmittelbar auf dem Energiekonzept beruht und eng in Verbindung mit der Quantenmechanik und allgemeinen Relativitätstheorie steht, ist die Lagrangesche Mechanik auf Variationsprinzipien begründet, die direkt zur allgemeinen Relativitätstheorie führt.

Diese Variationsprinzipien sind Koordinatensystemunabhängig. Die Variationsrechnung beschäftigt sich mit reellen Funktionalen, deren Argumente Funktionen sind. Diese können etwa Integrale über eine unbekannte Funktion und ihre Ableitungen sein. Dabei interessiert man sich für stationäre Funktionale, also solche, für die das Funktional ein Maximum, ein Minimum oder einen Sattelpunkt annimmt. Es gibt zwei Arten von Variationsprinzipien. Einerseits gibt es die Differentialprinzipien, zu denen das D' Alambertsche[4] Prinzip zu zählen ist. Bei diesen werden momentane Zustände des Systems beliebig gewählt und infinitesimale Nachbarzustände werden damit verglichen. Andererseits existieren auch Integralprinzipien. Diese sind charakterisiert durch Variation eines endlichen Bahnelementes. Dabei ist zu beachten, dass die Bahn nicht die Bahn eines Systempunktes im dreidimensionalen Ortsraum meint, sondern vielmehr die Bahn in einem vieldimensionalen Raum, in dem die Bewegung des Systems vollständig festgelegt ist. Die Dimension entspricht der Anzahl der Freiheitsgrade. Ein Beispiel für ein Integralprinzip wäre das Hamiltonsche Variationsprinzip. Es soll in den folgenden Kapiteln vor allem darum gehen, dass eine Einführung in die Mechanik und einige Anwendungsbeispiele gegeben werden sollen.

2 Potentiale und konservative Kraftfelder

Von einem Kraftfeld spricht man, wenn auf einen Massenpunkt an einem Ort eine Kraft wirkt, die nur von den Koordinaten, eventuell auch noch von der Zeit, abhängt, aber nicht von seiner Geschwindigkeit. Oft treten konservative Kräfte auf. Sie werden folgendermaßen durch ein Potential $U(\vec{r}, t)$ definiert:
Eine Kraft $\vec{F}(\vec{x}, t)$ heißt konservativ, wenn es eine Potentialfunktion $U(\vec{x}, t) : \mathbb{R}^n \to \mathbb{R}$ gibt,

---

[1]Sir Isaac Newton, geboren am 25.12.1642 /04.01.1643 und gestorben am 20.03.1726/31.03.1727, englischer Naturforscher und Verwaltungsbeamter

[2]Joseph- Louis de Lagrange, geboren am 25.01.1736 und gestorben am 10.04.1813, italienischer Mathematiker und Astronom

[3]Sir William Rowan Hamilton, geboren am 04.08.1805 und gestorben am 02.09.1865, irischer Mathematiker und Physiker

[4]Jean- Baptiste le Rond genannt D' Alambert, geboren am 16.11.1717 und gestorben am 29.10.1783, französischer Mathematiker und Physiker

deren negativer räumlicher Gradient gleich der Kraft ist

$$\vec{F}(\vec{r}, t) = -\nabla U(\vec{r}, t). \tag{1}$$

Eine Kraft wird also nur dann als konservativ bezeichnet, wenn ein Feld vorliegt, das sich durch ein Potential U, das von generalisierten Koordinaten und der Zeit abhängt, ausdrücken lässt. Ein Potentialfeld ist eine spezielle Form eines Vektorfeldes. Einem solchen Feld ist also stets eine Potentialfunktion U zugeordnet, die auch als das Potential des Feldes bezeichnet werden kann. Das Potential ist im Gegensatz zu den Kräften kein Vektor, sondern ein Skalar bzw. skalares Feld. In der mehrdimensionalen Analysis, der Vektorrechnung und der Differentialgeometrie ist ein Skalarfeld eine Funktion, die jedem Punkt eines Raumes eine reelle Zahl (Skalar) zuordnet. Skalarfelder sind von großer Bedeutung in der Feldbeschreibung der Physik und in der mehrdimensionalen Vektoranalysis. Skalarfelder beschreiben zum Beispiel die Temperatur jedes Punktes in einem Raum.

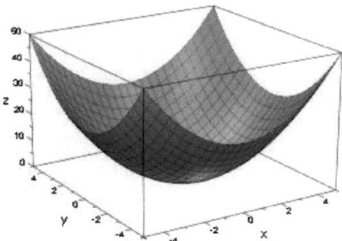

Abbildung 1: Beispiel für ein skalares Feld $x^2 + y^2 = z$

Die zentrale Eigenschaft von Potentialfeldern ist die Möglichkeit, das Vektorfeld V an einer beliebigen Position aus dem Gradienten der Potentialfunktion zu berechnen.

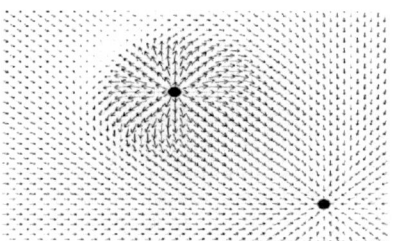

Abbildung 2: Beispiel eines Vektorfeldes, das durch ein Potential verursacht wird. Das Gesamtfeld führt zur Zielposition (unten rechts) um ein Hindernis herum. Links oberhalb des Hindernisses befindet sich ein lokales Minimum. Aus [4] S. 5.

In der Physik gibt das Potential die Fähigkeit an, eine Arbeit unabhängig von den beteiligten Körpern zu verrichten. Anders interpretiert beschreibt das Potential die Wirkung des Feldes auf Massen, allerdings unabhängig von den Massen selbst. Das ist solange möglich, wie die Kräfte geschwindigkeits- und beschleunigungsunabhängig sind. Es gibt auch Beispiele wie die

Lorentz[5] - Kraft[6] bei denen dies nicht zutrifft.

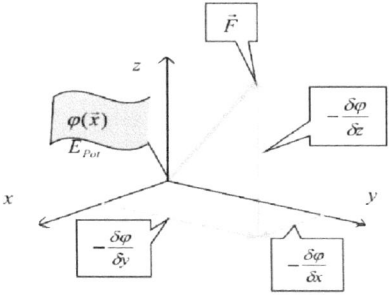

Abbildung 3: Potential und Kraft im konservativen Kraftfeld. Aus [4] S. 6.

Auf einen Massepunkt bezogen ist der Begriff der physikalischen Arbeit W definiert als Produkt der Kraft multipliziert mit dem Weg, der entlang der wirkenden Kraft verläuft: $W = Fs$. Wenn man nun einen Massepunkt in einem Kraftfeld $U(q)$ von einem Punkt $P_1 = 1$ zu einem anderen Punkt $P_2 = 2$ bewegt, so leistet das System entlang der Verbindungskurve $q(t)$ folgende Arbeit:

$$W(P_1, P_2) = \int_1^2 U(q)dq. \tag{2}$$

Beim Umlauf der gesamten Kurve C erhält man also $W = \oint_C U(q)dq$. In einem konservativen Kraftfeld gilt, dass die Arbeit entlang einer geschlossenen Kurve C verschwindet, d.h. $W = \oint_C U(q)dq = 0$. Bei Interesse ist bitte weiterführend in der Ausarbeitung der Simplexx GmbH [4] auf den Seiten $5 - 10$, [21] oder im Buch von Prof. Dr. Greiner [2] auf den Seiten 285 ff. nachzulesen.

3 Generalisierte Koordinaten

Mechanische Systeme werden beschrieben durch Koordinaten. Kartesische Koordinaten bieten dabei allerdings meistens keine sinnvolle Lösung. Angebrachter ist die Verwendung von bereits angesprochenen generalisierten Koordinaten q_i. Diese müssen nicht unbedingt die Dimension einer Länge haben. Die zeitliche Änderung der Koordinaten $\dot{q}_i$ bezeichnet man als generalisierte Geschwindigkeiten. Wenn man nun zu jedem Punkt seine Koordinate und seine Geschwindigkeit kennt, ist das System vollständig beschrieben. Man erhält ebenso viele unabhängige Koordinaten wie Freiheitsgrade vorliegen.

Es existiert immer eine Transformation zwischen den kartesischen Koordinaten und den generalisierten Koordinaten. $\vec{r}_1 = \vec{r}_1(q_1, \ldots, q_n, t), \ldots, \vec{r}_N = \vec{r}_N(q_1, \ldots, q_n, t)$. Zum besseren Verständnis soll ein Beispiel angeführt werden: Die Transformation von kartesischen Koordinaten in Kugelkoordinaten mit festen Radius ρ sieht wie folgt aus:

$$x(\rho, \phi, \theta, t) = \rho \sin(\phi(t)) \cos(\theta(t))$$
$$y(\rho, \phi, \theta, t) = \rho \sin(\phi(t)) \sin(\theta(t))$$
$$z(\rho, \phi, \theta, t) = \rho \cos(\phi(t))$$

---

[5]Hendrik Antoon Lorentz, geboren am 18. Juli 1853 und gestorben am 4. Februar 1928, niederländischer Mathematiker und Physiker

[6]geschwindigkeitsabhängige Kraft, die auf ein geladenes Teilchen in einem elektromagnetisches Feld wirkt.

Zur Veranschaulichung soll folgende Abbildung dienen:

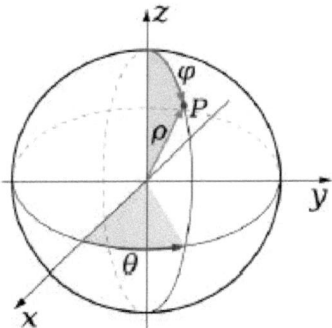

Abbildung 4: Transformation: kartesische Koordinaten in Kugelkoordinaten. Aus [5] S. 3.

Darüber hinaus sind in vielen praktischen Problemen Zwangsbedingungen vorhanden, wie zum Beispiel die Tatsache, dass ein Pendel an einer Schnur mit konstanter Länge hängt oder dass ein Auto nicht unter der Fahrbahnoberfläche fahren kann. Diese Liste kann man endlos fortsetzen. Viele von den Zwangsbedingungen lassen sich durch stetige Funktionen ausdrücken. Zudem treten neben den Zwangsbedinungen auch als Folge dessen Zwangskräfte auf, die sicherstellen, dass die Nebenbedingungen erfüllt werden. Diese Kräfte sind allerdings oft schwer zu berechnen und daher möchte man mit verallgemeinerten Koordinaten, die den Freiheitsgraden genügen, rechnen. Dies soll aber im nächsten Kapitel behandelt werden. Zu den generalisierten Koordinaten ist in [22] vieles beschrieben.

4 Freiheitsgrade und Zwangsbedingungen

In einem System gibt es Freiheitsgrade, deren Anzahl festschreibt, wieviele unabhängige Größen das betrachtete System beschreiben können. Ein freies Masseteilchen besitzt drei Freiheitsgrade. Es können allerdings auch Nebenbedingungen vorliegen. Solche Nebenbedingungen bezeichnet man auch als Zwangsbedingungen. Diese verursachen gewisse Zwangskräfte auf die Massen im System. Die Zwangsbedingungen schränken also die Freiheitsgrade ein. Dabei gibt es eine bestimmte Einteilung der Bedingungen. Zwangsbedinungen, die explizit von der Zeit abhängen, bezeichnet man als rheonom, zeitunabhängige Nebenbedingungen als skleronom. Eine holonome Zwangbedingung in einem System mit N Punktteilchen kann man durch eine stetige Funktion der Form

$$A(\vec{r}_1, \vec{r}_2, ..., \vec{r}_N, t) = 0 \tag{3}$$

ausdrücken. Nicht- holonome Nebenbedingungen sind solche, die von der Geschwindigkeit abhängen oder die nur in Form einer Ungleichung geschrieben werden können. Zum Beispiel wird bei einem Teilchen, das sich nur innerhalb einer Kugel mit dem Radius ρ bewegen kann, die Bedingung wie folgt aussehen: $|\vec{r} - \rho| \leq 0$. Jede holonome Zwangsbedingung reduziert die Freiheitsgrade um 1. Dies trifft nicht für nicht- holonome Bedingungen zu. Bei einem System mit N Punktteilchen und k holonomen Nebenbedingungen erhält man $f = 3N - k$ Freiheitsgrade.

6

Die Kraft auf die Masse setzt sich also zusammen aus angelegten Kräften F und allen Zwangskräften $Z = \Sigma_i Z_i$ insgesamt. Wenn also Zwangsbedingungen vorliegen, lauten die Newtonschen Bewegungsgleichungen nicht mehr

$$m\ddot{q} = F$$

, sondern

$$m\ddot{q} = F + Z.$$

Beispielsweise sieht eine auf ein Punktteilchen einwirkende Kraft mit zwei holonomen Zwangsbedingungen wie folgt aus:

$$m\ddot{\vec{q}} = \Sigma_{i=1}^{N} \vec{F_i} + \vec{Z_1} + \vec{Z_2}$$

5 Prinzip der kleinsten Wirkung $\Rightarrow$ Euler- Lagrange- Gleichungen

Der Konfigurationsraum Q ist ein Begriff der Lagrange-Mechanik zur Beschreibung der Orte aller N betrachteten Teilchen eines Vielteilchensystems.

Insgesamt umfasst er die Gesamtheit der räumlichen Freiheitsgrade bzw. der möglichen räumlichen Konfigurationen des Systems. Er ist somit bei freien Teilchen $3N$-dimensional. Im Unterschied dazu werden in der Hamiltonschen Mechanik neben den Orten auch die Geschwindigkeiten der betrachteten Teilchen einbezogen. Der entsprechende, sogenannte Phasenraum ist folglich $6N$-dimensional (bezogen auf freie Teilchen). Der Konfigurationsraum ist der Raum, der von den Ortsvariablen eines physikalischen Systems aufgespannt wird. Die Zeitentwicklung eines dynamischen Systems wird durch die Angabe einer Trajektorie im Konfigurationsraums dargestellt, d.h., jedem Zeitpunkt t wird ein Punkt $x(t)$ im Konfigurationsraum zugeordnet. Beispielsweise betrachtet man eine Bahnkurve eines Massenpunktes in der klassischen Mechanik. Der Konfigurationsraum ist dabei der dreidimensionale Raum, in dem die Bewegung erfolgt.

In der Physik wird die Bewegung eines Punktes (zum Beispiel eines Massenpunkts oder des Schwerpunkts eines Körpers) durch eine Funktion beschrieben, die jedem Zeitpunkt t den Ortsvektor $\vec{r}(t)$ des Massenpunkts zum Zeitpunkt t zuordnet. Die so beschriebene Kurve heißt auch Trajektorie oder Bahnkurve.

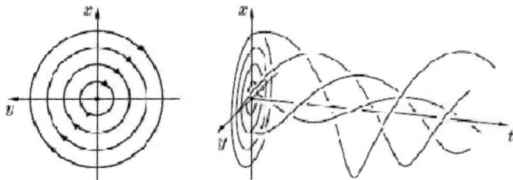

Abbildung 5: Links: 5 Trajektoren; Rechts: 5 dazugehörige Lösungskurven des Systems $\dot{x} = y$, $\dot{y} = -x$. Aus [15] S. 4.

Seien nun $q_1, q_2, \ldots, q_f$ verallgemeinerte Koordinaten eines Systems mit f Freiheitsgraden und $\dot{q}_1 = \frac{d\dot{q}_1}{dt}, \dot{q}_2, \ldots, \dot{q}_f$ die verallgemeinerten Geschwindigkeiten. Die Bewegungsgleichungen stellen eine Beziehung zwischen verallgemeinerter Beschleinigung $\ddot{q}_i = \frac{d\dot{q}_i}{dt}, \dot{q}_i$ und q_i dar. Sie sind Differentialgleichungen zweiter Ordnung für $q(t)$. Die Integration liefert also die Bahn $q(t)$ des Systems. Ziel ist die Formulierung von Bewegungsgleichungen bzw. von Bewegungsgesetzen mechanischer Systeme. Jedes mechanische System ist durch die Lagrange- Funktion beschreibbar.

Für k holonome Zwangsbedingungen und Kräfte, die sich aus einem Potential

$$U(q_1, ..., q_{3N-k}, \dot{q}_1, ..., \dot{q}_{3N-k}, t)$$

herleiten lassen, definiert man die Langrange-Funktion

$$L := T - U. \tag{4}$$

Dabei ist T die Summe der kinetischen Energien aller Teilchen des Systems im allgemeinen mit

$$T = \frac{1}{2} \Sigma_{i=1}^{N} m_i \vec{q}_i^{\,2} \tag{5}$$

beschrieben und U die Summe der potentielle Energien aller Teilchen des Systems.

Die Langrange-Funktion ist eine Funktion der verallgemeinerten Koordinaten und deren Geschwindigkeiten, sowie der Zeit, also

$$L(q_1, ..., q_{3N-k}, \dot{q}_1, ..., \dot{q}_{3N-k}, t)$$

(kurz: L oder $L(q_i, \dot{q}_i, t)$). Die Lagrange- Funktion subtrahiert von der kinetischen Energie T die potentielle Energie U. Die kinetische Energie T ist üblicherweise eine Funktion der Geschwindigkeiten $\dot{q}_i(t)$, während im einfachsten Fall die potentielle Energie U eine Funktion der Positionen $q_i(t)$ ist.

Als Beispiel kann das Gravitationsfeld der Erde angeführt werden. Das einfachste Beispiel für das Potential ist der Ausdruck $U = mgh$. Dabei wird das Gravitationsfeld der Erde nicht als radial, also $U(r) \sim \frac{1}{r^2}$ (Gravitationskraft), sondern als homogen betrachtet. Man nimmt hier also an, dass die Kraft $\vec{F}$ immer den gleichen Betrag und die gleiche Richtung hat. Für kurze Distanzen ist diese Näherung ziemlich genau und für die meisten Zwecke ausreichend. Die potentielle Energie eines Körpers im Gravitationsfeld lautet

$$U = \int_{r_1}^{r_2} F dr = F \cdot (r_2 - r_1) = mgh,$$

, $F = const$. Die Lagrange Gleichung für einen Körper, der sich im homogenen Schwerefeld der Erde bewegt ist dann

$$L = \frac{m}{2}|\dot{q}|^2 - mgq.$$

Nun zurück zum Beweis.

Die Bewegung des Systems ergibt sich wie folgt: Zu den Zeitpunkten t_1 und t_2 nehme das System bestimmte Lagen ein, die durch die Koordinatenkonfiguration $q(t_1) = q_1$ und $q(t_2) = q_2$ charakterisiert sind. Die Bewegung des Systems verläuft dann so, dass das Integral

$$S(q) = \int_{t_1}^{t_2} L(q, \dot{q}, t) dt \qquad (6)$$

stationär wird. Man bezeichnet S auch als Wirkungsintegral. Dies stellt das Hamiltonsche Prinzip dar, denn genau dann wenn $S(q)$ mit stetiger Funktion $q(t)$ stationär ist, ist $\delta S(q)\delta q = 0$ für beliebige zweimal differenzierbare Funktionen δq.

Die Wirkung hängt von t_1, t_2 und dem Verlauf von $q(t)$ zwischen den Randpunkten ab. Die Wirkung hat die Dimension Energie miltipliziert mit der Zeit.

Die Wirkung ist ein Funktional, d.h. eine Abbildung einer Menge von Funktionen (hier $q(t)$) auf eine Menge von Zahlen. Die Konkurrenzschar ist die Menge aller Konfigurationsbahnen mit gegebenen, festen Anfangs- und Endzeitpunkten t_1, t_2 und gegebenen, festen Anfangs- und Endkonfigurationen $q(t_1) = q_1, q(t_2) = q_2 \to$ Variation

Man nimmt im Folgenden an, dass die Anzahl der Freiheitsgrade $f = 1$ ist. Angenommen $q(t)$ sei die Funktion, die S stationär macht. Dann folgt, dass, wenn $q(t)$ durch $q(t) + \delta q(t)$ ersetzt wird, das Wirkungsintegral steigt. Dies Bezeichnet man als Variation der Funktion $q(t)$.

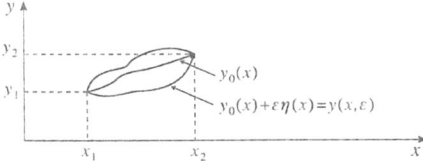

Abbildung 6: Beispiel einer Variation von $y_0(x)$. Aus [2] S. 314.

Es gilt wegen q_1 bei t_1 und q_2 bei t_2:

$$\delta q(t_1) = \delta q(t_2) = 0.$$

Daraus folgt, dass die Änderung von S durch folgenden Ausdruck gegeben ist:

$$\delta S(q)\delta q = \lim_{\epsilon \to 0} \frac{\int_{t_1}^{t_2} L(q + \epsilon \delta q, \dot{q} + \epsilon \delta \dot{q}, t) dt - \int_{t_1}^{t_2} L(q, \dot{q}, t) dt}{\epsilon}.$$

Aufgrund der Linearität des Integrals folgt:

$$\delta S(q)\delta q = \lim_{\epsilon \to 0} \frac{\int_{t_1}^{t_2} L(q + \epsilon\delta q, \dot{q} + \epsilon\delta\dot{q}, t) - L(q, \dot{q}, t)dt}{\epsilon}.$$

Nun kann man die Limesbildung und das Integral vertauschen:

$$\delta S(q)\delta q = \int_{t_1}^{t_2} \frac{\lim_{\epsilon \to 0} L(q + \epsilon\delta q, \dot{q} + \epsilon\delta\dot{q}, t) - L(q, \dot{q}, t)dt}{\epsilon}.$$

Es muss also

$$\delta S(q)\delta q = d\int_{t_1}^{t_2} L(q, \dot{q}, t)dt = 0$$

gelten. Dies ist wegen Vertauschbarkeit der Integration und Differentiation äquivalent zu (beachte, die Zeit wird nicht variiert)

$$\delta S = \int_{t_1}^{t_2} \left(\frac{\partial L}{\partial q}\delta q + \frac{\partial L}{\partial \dot{q}}\delta\dot{q} + \underbrace{\frac{\partial L}{\partial t}\delta t}_{=0}\right)dt = 0.$$

Nun folgt mit $\delta\dot{q} = \frac{d}{dt}\delta q$ und der partiellen Integration des zweiten Summanden

$$\int_{t_1}^{t_2} \frac{\partial L}{\partial \dot{q}}\dot{\delta q} = \frac{\partial L}{\partial \dot{q}}\Big|_{t_1}^{t_2} - \int_{t_1}^{t_2} \delta q \frac{d}{dt}\frac{\partial L}{\partial \dot{q}}dt$$

also eingesetzt

$$\delta S = 0 = \underbrace{\frac{\partial L}{\partial \dot{q}}\delta q\Big|_{t_1}^{t_2}}_{=0 nachVor.} - \int_{t_1}^{t_2} \frac{d}{dt}\frac{\partial L}{\partial \dot{q}}\delta q dt + \int_{t_1}^{t_2} \frac{\partial L}{\partial q}\delta q dt$$

$$\Leftrightarrow \delta S = 0 = \int_{t_1}^{t_2} \left(\frac{\partial L}{\partial q} - \frac{d}{dt}\frac{\partial L}{\partial \dot{q}}\right)\delta q dt \tag{7}$$

für beliebige Werte von δq. Dies hängt mit dem Fundamentallemma der Variationsrechnung zusammen. Dies lautet wie folgt:

Es sei $f \in L_{loc}^1(\Omega)$, d.h. f ist aus dem Raum der lokal integrierbaren Funktionen.
Sei $f : \Omega \to \mathbb{R}$ eine messbare Funktion. Lokal integrierbar bedeutet, dass für alle kompakten Teilmengen $K \subset \Omega$ das Integral $\int_K |f(t)|dt$ endlich ist. Genauso wie die L^p - Räume besteht der Raum $L_{loc}^1(\Omega)$ aus Äquivalenzklassen von Funktionen. Insbesondere sind stetige Funktionen und Funktionen aus L^p lokal integrierbar.
Ist

$$\int_\Omega f(t)\phi(t)dt = 0$$

für alle $0 \leq \phi \in C^\infty(\Omega)$. So ist $f(t) = 0$ fast überall in Ω. Gemeint ist ϕ ist aus dem Raum alles unendlich oft stetig differenzierbaren Funktionen, d.h. aller analytischen Funktionen, also all jene, die sich lokal in eine Potenzreihe entwickeln lassen. Der Beweis ist in [22] auf den Seiten 2 f. und in [23] auf den Seiten 14 f. nachzulesen.

Die Gleichung 7 ist nur dann erfüllt, wenn der Integrand verschwindet. Es folgt die Euler[7] - Lagrange- Gleichung

$$\frac{d}{dt}\frac{\partial L}{\partial \dot{q}} - \frac{\partial L}{\partial q} = 0. \tag{8}$$

Im Falle von $f > 1$, d.h. dass die Anzahl der Freiheitsgrade größer wird, müssen f verschiedene Funktionen unabhängig voneinander variiert werden. Man erhält dann analog genau f Gleichungen der Form

$$\frac{d}{dt}\frac{\partial L}{\partial \dot{q}_i} - \frac{\partial L}{\partial q_i} = 0$$

für $i = 1, 2, ..., f$.

Die Euler- Lagrange- Gleichungen werden auch als Lagrange- Gleichungen 2. Art bezeichnet. Das mechanische System bewegt sich so, dass die Wirkung S stationär wird, genau dann erfüllt es auch die Euler- Lagrange- Gleichungen.

6 Prinzip der kleinsten Wirkung ⇐ Euler- Lagrange- Gleichungen

Nun soll gezeigt werden, dass aus den erfüllten Euler- Lagrange- Gleichungen das Hamilton- Prinzip, also das Prinzip der stationären Wirkung, folgt. Prinzipiell wurden nur Äquivalenzumformungen genutzt, dennoch steht es zum Beispiel in [2] von Dr. Greiner beschrieben. Daher soll es kurz angeführt werden.

Sei dafür $q(t)$ die Lösung der Euler- Lagrange- Gleichungen. Weiter sei $\delta(t)$ eine zweimal differenzierbare Funktion mit $\delta(t_1) = \delta(t_2) = 0$ und $q_\epsilon(t) = q(t) + \epsilon\delta(t)$ eine benachbarte potentielle Bahnkurve (Variation). Man betrachtet nun

$$S(\epsilon) = \int_{t_1}^{t_2} L(q_\epsilon, \dot{q}_\epsilon, t) dt$$

als Funktion von ϵ.

Für $\epsilon \to 0$ gilt (Taylorreihe):

$$S(\epsilon) = S(0) + \epsilon\frac{dS}{d\epsilon} + \mathcal{O}(\epsilon^2).$$

Der Term $\mathcal{O}(\epsilon^2)$ beschreibt, dass alle weiteren Terme durch die asymptotisch obere Schranke ϵ^2 beschränkt sind. Er wächst also quadratisch gegen Null. Es bleibt zu beweisen, dass der in ϵ lineare Term für alle $\delta(t)$ verschwindet und damit alle nachfolgenden Terme, d.h. die Stationarität der Wirkung.

$$\frac{dS}{d\epsilon} = \int_{t_1}^{t_2} [\delta(t)\frac{\partial}{\partial q} + \dot{\delta}(t)\frac{\partial}{\partial \dot{q}}] L(q, \dot{q}, t) dt.$$

Mittels partieller Integration des $\dot{\delta}(t)$ - Terms

$$\int_{t_1}^{t_2} \dot{\delta}(t)\frac{\partial L}{\partial \dot{q}} dt = \frac{\partial L}{\partial \dot{q}}\delta(t)|_{t_1}^{t_2} - \int_{t_1}^{t_2} \delta(t)\frac{d}{dt}\frac{\partial L}{\partial \dot{q}} dt$$

---
[7]Leonhard Euler, geboren am 15.04.1707 und gestorben am 18.09.1783, schweizer Mathematiker

folgt nun

$$\frac{dS}{d\epsilon} = \int_{t_1}^{t_2} \delta(t) [\frac{\partial L(q,\dot{q},t)}{\partial q} - \frac{d}{dt}\frac{\partial L(q,\dot{q},t)}{\partial \dot{q}}] dt + \frac{\partial L}{\partial \dot{q}}(\delta(t_2) - \delta(t_1)).$$

Da nun allerdings die Euler- Lagrange- Gleichungen und $\delta(t_1) = \delta(t_2) = 0$ gelten, folgt:

$$\int_{t_1}^{t_2} 0 dt + 0 + 0 = 0.$$

Es gilt also

$$\lim_{\epsilon \to 0} S(\epsilon) = S(0)$$

Das heißt, die Wirkung wird stationär. Damit ist die Äquivalenz gezeigt.

7 Hamiltonsche Gleichungen

In der Mechanik kann man aus der Lagrange- Funktion $L(q,\dot{q},t)$ die Hamilton- Funktion $H(q,p,t)$ mittels Legendre[8]- Transformation erhalten. Darum soll es in diesem Kapitel gehen. Die Variablen der Lagrange- Funktion sind die generalisierten Koordinaten q_i, die zugehörigen generalisierten Geschwindigkeiten $\dot{q}_i$ und die Zeit t mit $i = 1, ..., f$ bei f Freiheitsgraden. In der Hamiltonschen Theorie werden allerdings die generalisierten Koordinaten, die Zeit und die zugehörigen Impulse p_i verwendet. Dabei sind die Ortskoordinaten und die 'Impulskoordinaten' voneinander unabhängig und sind gleichberechtigt. Man sucht nun einen Übergang von der Lagrange- Funktion $L(q_i,\dot{q}_i,t)$ zur Hamilton- Funktion $H(q_i,p_i,t)$. Die generalisierten Impulse werden als $p_i = \frac{\partial L}{\partial \dot{q}_i}$ definiert. Gesucht ist also eine Transformation

$$L(q_i,\dot{q}_i,t) \Rightarrow H(q_i, \frac{\partial L}{\partial \dot{q}_i,t}) = H(q_i,p_i,t).$$

Der mathematische Hintergrund der Transformation soll anhand eines zweidimensionalen Beispiels deutlicher werden. Man geht von einer Funktion $f(x,y)$ aus und transformiert diese zu $g(x,y) = (x, \frac{\partial f}{\partial y})$. Man kann eine stetige, monotone Funktion entweder durch Paare von Argumenten (x-Werte) und Funktionswerten ($f(x)$-Werte / y- Werte) darstellen oder alternativ dazu zu jedem Anstieg, den die Funktion aufweist, den entsprechenden y-Achsenabschnitt angeben ($g(x,u)$- Darstellung). Die Umwandlung dieser beiden Darstellungen bewerkstelligt eine Legendre-Transformation (auch Berührungstransformation genannt). Man geht also von $f(x,y)$ zur Funktion $g(x,u)$ mit $u = \frac{\partial f}{\partial y}$ über. Dabei wird $g(x,u)$ durch $g(x,u) = uy - f(x,y)$ definiert. Wenn man das totale Differential bildet, ist ersichtlich, dass die so gebildete Funktion g die Variable y nicht mehr als unabhängige Variable besitzt.

$$dg = ydu + udy - df = ydu + udy - \frac{\partial f}{\partial x}dx - \frac{\partial f}{\partial y}dy = ydu - \frac{\partial f}{\partial y}dy.$$

Dabei ist

$$y = \frac{\partial g}{\partial u}$$

---

[8]Adrien-Marie Legendre, geboren am 18.09.1752 und gestorben am 10.01.1833, französischer Mathematiker

und

$$\frac{\partial g}{\partial x} = -\frac{\partial f}{\partial x}.$$

Analog wird dies nun auf die Konstruktion der Hamilton- Funktion aus der Lagrange- Funktion angewendet. Man schreibt für die Hamilton- Funktion

$$H(q_i, p_i, t) = \Sigma_i \dot{q}_i p_i - L(q_i, \dot{q}_i, t). \tag{9}$$

Es werden letztlich Bewegungsgleichungen gesucht, die äquivalent sind zu denen, die aus den auf die Lagrange- Funktion basierenden Euler- Lagrange- Gleichungen resultieren. Diese neuen Bewegungsgleichungen sollen aber auf der Hamilton- Funktion basieren. Dazu bildet man das totale Differential ganz analog zum vorher angeführten Beispiel:

$$dH = \Sigma_i p_i d\dot{q}_i + \Sigma_i \dot{q}_i dp_i - dL$$
$$= \Sigma_i p_i d\dot{q}_i + \Sigma_i \dot{q}_i dp_i - [\Sigma_i \frac{\partial L}{\partial q_i} dq_i + \Sigma_i \frac{\partial L}{\partial \dot{q}_i} d\dot{q}_i + \frac{\partial L}{\partial t} dt]$$
$$= \Sigma_i p_i d\dot{q}_i + \Sigma_i \dot{q}_i dp_i - \Sigma_i \frac{\partial L}{\partial q_i} dq_i - \Sigma_i \frac{\partial L}{\partial \dot{q}_i} d\dot{q}_i - \frac{\partial L}{\partial t} dt.$$

Jetzt nutzt man die Definition des generalisierten Impulses,

$$p_i = \frac{\partial L}{\partial \dot{q}_i}$$

und die Euler- Lagrange- Gleichung $\frac{d}{dt} p_i - \frac{\partial L}{\partial q_i} = 0$ und es ergibt sich

$$dH = \Sigma_i p_i d\dot{q}_i + \Sigma_i \dot{q}_i dp_i - \Sigma_i \dot{p}_i dq_i - \Sigma_i p_i d\dot{q}_i - \frac{\partial L}{\partial t} dt = \Sigma_i \dot{q}_i dp_i - \Sigma_i \dot{p}_i dq_i - \frac{\partial L}{\partial t} dt. \tag{10}$$

Dementsprechend hängt H nur von q_i, p_i und t ab und es gilt:

$$dH = \Sigma_i \frac{\partial H}{\partial q_i} dq_i + \Sigma_i \frac{\partial H}{\partial p_i} dp_i + \Sigma_i \frac{\partial H}{\partial t} dt = \Sigma_i \dot{q}_i dp_i - \Sigma_i \dot{p}_i dq_i - \frac{\partial L}{\partial t} dt. \tag{11}$$

Durch Koeffizientenvergleich der Gleichungen (10) und (11) folgen dann sofort die Hamilton- schen Gleichungen:

$$\dot{q}_i = \frac{\partial H}{\partial p_i}, \dot{p}_i = \frac{\partial H}{\partial q_i}, \frac{\partial H}{\partial t} = -\frac{\partial L}{\partial t}. \tag{12}$$

Dies sind die grundlegenden Bewegungsgleichungen der Hamiltonschen Formulierung der Mechanik. Die Hamilton- Funktion spielt dabei eine analoge Rolle wie die Lagrange- Funktion in der Lagrangeschen Mechanik.

Diese Konstruktion von H wurde unter der Maßgabe gemacht, dass alle Geschwindigkeiten $\dot{q}_i$ mittels der Definition der generalisierten Impulse und die generalisierten koordinaten ausgedrückt werden. Also bleibt $p_i = \frac{\partial L}{\partial \dot{q}_i}$ nach $\dot{q}_i$ aufzulösen, sodass man $\dot{q}_i = \dot{q}_i(q_i, p_i, t)$ erhält.

Die Euler- Lagrange- Gleichungen liefern für die Ortskorrdinaten f Differentialgleichungen zweiter Ordnung in der Zeit. Aus dem Hamiltonschen Formalismus resultieren für Impuls- und Ortskoordinaten $2f$ gekoppelte Differentialgleichungen erster Ordnung. In beiden Varianten ergeben sich beim Lösen insgesamt $2f$ Integrationskonstanten.

Die Hamilton- Funktion bedeutet physikalisch gesehen, dass unter bestimmten Bedingungen, wie in einem System mit holonomen, skleronomen Zwangsbedingungen und konservativen inneren Kräften, die Gesamtenergie von ihr beschrieben wird, das heißt $H = T + U$. Während die durch die Lagrange- Funktion angegebene Energie manchmal auch als freie Energie bezeichnet wird. Darauf soll nun nicht weiter eingegangen werden. Bei Interesse sollte dies im Buch von Prof. Dr. Walter Grainer [2] auf Seite 304 nachgelesen werden.

Letztlich sind die Hamilton-Gleichungen gleichbedeutend mit den Lagrange-Gleichungen. Dies soll im Folgendem bewiesen werden. Die Hamiltonsche Mechanik geht über die Lagrangesche Mechanik aus der Newtonschen Mechanik hervor. Das wurde mit der Herleitung der Hamiltonschen Gleichungen gezeigt. Die Euler- Lagrange- Gleichungen nun aber sind mit den Newtonschen Bewegungsgleichungen äquivalent, dies folgt unter anderem aus dem D'Alambertschen Prinzip und ist in der Verschriftlichung der Simplexx Gmbh [4] auf den Seiten 10 - 15 nachzulesen. Es braucht also nur gezeigt werden, dass sich aus den Hamiltonschen Gleichungen die Newtonschen Formulierungen der Bewegungsgleichungen folgen, um eine Äquivalenz aller Bewegungsgleichungen zu zeigen. Dabei ist der einfachste Fall, ein Teilchen in einem konservativen Kraftfeld zu betrachten und die kartesischen Koordinaten als generalisierte Koordinaten zu verwenden, ausreichend nach Prof. Dr. Walter Greiner [2] auf den Seiten 305 f.. Dann gilt:

$$p_i = m\dot{x}_i, H = \frac{1}{2}\Sigma_i m\dot{x}_i^2 + U(x_i)$$

$$oder\, H = \frac{1}{2}\Sigma_i \frac{p_i^2}{m} + U(q_i), f\ddot{u}r\, i = 1, 2, 3.$$

Daraus folgen die Hamiltonschen Gleichungen mit $q_i = x_i$:

$$\dot{q}_i = \frac{\partial H}{\partial p_i} = \frac{p_i}{m}$$

und

$$\dot{p}_i = -\frac{\partial H}{\partial q_i} = -\frac{\partial U}{\partial q_i}$$

oder vektoriell ausgedrückt: $\dot{\vec{p}}_i = -grad U$. Dies sind die Newtonschen Bewegungsgleichungen. Damit ist die Äquivalenz der Bewegungsgleichungen in ihrer jeweiligen Formulierung der Mechanik gezeigt. Man kann aber auch die Äquivalenz der Hamiltonschen Gleichungen zu den Euler- Lagrange- Gleichungen zeigen. Dies ist bei Interesse in den Ausarbeitungen der bergischen Universität Wuppertal [14] auf den Seiten 86 - 87 nachzulesen.

8 Anwendung 1: Lagrangesche Mechanik auf $\mathbb{R}^n$, $n = 1, 2, 3$

- Lagrangesche Mechanik auf $\mathbb{R}^n$, $n = 1, 2, 3$:
  - Ein Punktteilchen im $\mathbb{R}^n$ der Masse m in einem Feld mit dem Potential $U : \mathbb{R}^n \to \mathbb{R}$ genügt den Euler- Lagrange- Gleichungen zur Lagrange- Funktion $L(q, \dot{q}) := \frac{1}{2}m|\dot{q}|^2 - U(q)$.
  - Die Gesamtenergie $H = \frac{1}{2}m|\dot{q}|^2 + U(q)$ bleibt konstant, und ist $U = $ const, dann bleibt auch der Impuls $p := m\dot{q}$ erhalten.

Durch Einsetzen in die Euler- Lagrange- Gleichungen folgt:

$$\frac{d}{dt}\frac{\partial L}{\partial \dot{q}_i} - \frac{\partial L}{\partial q_i} = 0$$

$$\Rightarrow 0 = m\ddot{q}_i + grad(U(q)). \tag{13}$$

Dies entspricht im Wesentlichen dem Newtonschen Axiom bzw. dem Beschleunigungsprinzip. Wirkt auf einen Körper eine Kraft, so wird er in Richtung der Kraft beschleunigt. Die Beschleunigung ist der Kraft direkt, der Masse des Körpers umgekehrt proportional ($F = ma$). Zur Erinnerung $\ddot{q}$ gibt eine Beschleunigung an. Es wurde also gezeigt wie sich ein freies mechanisches Punktteilchen bewegt. Die Euler- Lagrange- Gleichungen sind damit erfüllt. Die Gesamtenergie beträgt $H = \frac{1}{2}m|\dot{q}|^2 + U(q)$. Es ist zu zeigen, dass die Gesamtenergie erhalten bleibt. Mit Gleichung (13) folgt:

$$\frac{dH}{dt} = m\ddot{q}\dot{q} + grad(U(q))\dot{q} = m\ddot{q}\dot{q} - m\ddot{q}\dot{q} = 0$$

Die Gesamtenergie bleibt also erhalten. Man kann aber auch direkt mit der Definition der mechanischen Energie als Summe aus kinetischer und potentieller Energie argumentieren. Bewegt sich nämlich ein Teilchen mit der Zeit t in einem konservativen Kraftfeld auf beliebigen Bahnen $q(t)$ von einem Startpunkt zu einem Zielpunkt, so ist für die Arbeit, die dabei am Teilchen verrichtet wird, der Weg unerheblich. Unabhängig vom Weg ist die geleistete Arbeit die Differenz der potentiellen Energien an Start und Ziel. Es gilt also

$$W = \int_{t_1}^{t_2} F\dot{q}dt$$

Betrachte den Integranden:

$$F\dot{q} = -\nabla U(q)\dot{q} = -\Sigma_i \frac{\partial}{\partial q_i}U\dot{q}_i = -\frac{dU}{dt}$$

Nach dem Hauptsatz der Integralrechnung, also der Satz über die Existenz von Stammfunktionen und den Zusammenhang von Ableitung und Integral, ergibt sich für die Arbeit

$$W = -\int_{t_1}^{t_2} \frac{dU}{dt}dt = -U(q(t_2)) + U(q(t_1)) = U_1 - U_2.$$

Dies gilt für alle stückweise stetig differenzierbare Bahnen. Für die Bahnen, die tatsächlich durchlaufen werden, gelten die Newtonschen Bewegungsgleichungen $F = m\ddot{q}$. Wenn die Masse m konstant ist, gilt für physikalische Bahnen mit

$$W = \int_{t_1}^{t_2} F\dot{q}dt = m\int_{t_1}^{t_2} \ddot{q}\dot{q} = m\int_{t_1}^{t_2} \frac{1}{2}\frac{d}{dt}\dot{q}^2 dt = \frac{1}{2}m\dot{q}(t_2)^2 - \frac{1}{2}m\dot{q}(t_1)^2 = T_2 - T_1$$

dass die an den Teilchen verrichtete Arbeit seine kinetische Energie $T = \frac{1}{2}m\dot{q}^2$ erhöht. Aus $U_1 - U_2 = T_2 - T_1$ folgt dann schließlich $T_1 + U_1 = T_2 + U_2$. Die Summe aus kinetischer und potentieller Energie ist nach der Verschiebung des Körpers noch dieselbe. Nun betrachtet man den Impuls des Teilchens. Ist also $U(q)$ konstant, so verschwindet der Gradient und es folgt

$$\frac{dp}{dt} = \frac{d}{dt}m\dot{q} = m\ddot{q}$$

Betrachte nun die Bewegungsgleichungen (13):

$$0 = m\ddot{q} + \underbrace{grad(U(q))}_{=0}$$

$$\Rightarrow m\ddot{q} = 0$$

$$\Rightarrow \frac{dp}{dt} = 0$$

mit dem Impuls $p = m\dot{q}$.
Es bleibt also bei konstanter Gesamtenergie und konstanter potentieller Energie der Impuls erhalten.

8.1 Hinweis: Translationsinvarianzen und Homogenität in der Zeit

Daran sollte sich allerdings eine Betrachtung von sogenannten zyklischen Koordinaten anschließen. Zu jeder Koordinaten q_i wurde bereits ein Impuls p_i definiert. Eine Koordinate heißt zyklisch, falls die Lagrange- Funktion nicht von dieser Koordinate abhängt, also anders ausgedrückt:
q_i zyklisch $\Leftrightarrow \frac{\partial L}{\partial q_i} = 0$.
Aus der Euler- Lagrange- Gleichung resultiert dann für deren Impuls:

$$\frac{d}{dt}\frac{\partial L}{\partial \dot{q}_i} - \underbrace{\frac{\partial L}{\partial q_i}}_{=0} = \frac{d}{dt}\frac{\partial L}{\partial \dot{q}_i} = 0$$

$$\Leftrightarrow \frac{\partial L}{\partial \dot{q}_i} = p_i = const.$$

Damit gilt, dass jede zyklische Koordinate zu einer Erhaltungsgröße führt.
Es ist also möglich Aussagen über erhaltene Größen ableitend aus der Lagrange- Funktion (laut Literatur auch Hamilton- Funktion) ableitend zu treffen. Letztlich führt dies zum Noether- Theorem. Dieses besagt, dass zu jeder Transformation, die die Lagrange- Funktion nicht verändert (genannt kontinuierliche Symmetrie), gehört eine Erhaltunggröße und umgekehrt.
So folgt zum Beispiel die Energieerhaltung aus der Invarianz der Lagrange- Funktion unter zeitlicher Translation, d.h. $L(q_i, \dot{q}_i, t + \delta t) = L(q_i, \dot{q}_i, t)$. Aus der Invarianz unter der räumlichen Translation folgt die Impulserhaltung (bezogen auf die Invarianz der räumlichen Drehungen folgt Drehimpulserhaltung). Der Beweis des Noether- Theorems soll nicht angeführt werden und ist auf den Seiten 83 - 86 von Quelle [12] (von Hans- Jürgen Wünsche von der Berliner Humboldt Universität)oder in anderer Fachliteratur, bspw. [21] nachzulesen.

9 Anwendung 2: Lagrangesche Mechanik auf $(\mathbb{R}^3)^N$

- Lagrangesche Mechanik auf $(\mathbb{R}^3)^N$:

  – Ein System aus N Punktteilchen im $\mathbb{R}^3$ der Masse m_i, zwischen denen eine konservative Kraft mit nur einem vom Abstand abhängigen Zwei- Teilchen- Potential $U = U(r)$ wirkt, z.Bsp. $U(r) = -\frac{G}{r}$, genügt den Euler- Lagrange- Gleichungen zur Lagrange- Funktion $L(q_1, ..., q_N, \dot{q}_1, ..., \dot{q}_N) := \frac{1}{2}\Sigma_i m_i |\dot{q}_i|^2 - \Sigma_{j \neq i} m_j m_i U(|q_i - q_j|)$.
  – Die Gesamtenergie $H = \frac{1}{2}\Sigma_i m_i |\dot{q}_i|^2 + \Sigma_{j \neq i} m_j m_i U(|q_i - q_j|)$, der Gesamtimpuls $\Sigma_i m_i \dot{q}_i$ und der Gesamtdrehimpuls $\Sigma_i \dot{q}_i \times m_i \dot{q}_i$ bleiben erhalten.

Das Zwei- Teilchen- Potential ist inhaltlich damit zu erklären, dass keine Teilchen sich gleichzeitig an einem Ort befinden (denn dafür ist der Quotient $\frac{-G}{r}$ nicht definiert). Je näher die Teilchen sich kommen umso größer ist der Einfluss der Teilchen aufeinander, d.h. die Abstände beeinflussen die aufeinander wirkende Kraft. Wählt man nun ein i, beliebig aber fest, so erhält man durch Einsetzen in die Euler- Lagrange- Gleichung:

$$0 = m_i\ddot{q}_i + m_iG\Sigma_{j\neq i}\frac{m_j}{|q_j - q_j|^3}(q_i - q_j)(\cdot 1) + m_iG\Sigma_{j\neq i}\frac{m_j}{|q_j - q_j|^3}(q_j - q_i)(\cdot(-1)).$$

Der vordere Term entspricht wieder dem Beschleunigungsprinzip nach Newton. Der zweite Term entspricht der Ableitung des Potentials in wobei in der ersten Summe das i „getroffen "wird. Der dritten Term resultiert daraus, dass auch in den Summen in denen das i im ersten Fall nicht „getroffen "wird. Dies wird dann mit (-1) wegen der inneren Ableitung multipliziert. Es gilt:

$$\Leftrightarrow 0 = m_i\ddot{q}_i + m_iG\Sigma_{j\neq i}\frac{m_j}{|q_j - q_j|^3}(q_i - q_j) - m_iG\Sigma_{j\neq i}\frac{m_j}{|q_j - q_j|^3}(q_i - q_j)(\cdot(-1)^2)$$

$$\Leftrightarrow 0 = m_i\ddot{q}_i + 2m_iG\Sigma_{j\neq i}\frac{m_j}{|q_j - q_j|^3}(q_i - q_j). \tag{14}$$

Dies sind dann die Bewegungsgleichungen.
Es ist nun zu beweisen, dass die Gesamtenergie H, der Gesamtimpuls P und der Gesamtdrehimpuls D erhalten bleiben.
Am Beispiel eines Zweiteilchensystems wird die Problematik der Gesamtimpulserhaltung am deutlichsten.
Es gilt mit der Bewegungsgleichung (14):

$$\frac{d}{dt}(p_1 + p_2) = m_1\ddot{q}_1 + m_2\ddot{q}_2$$
$$= -2\frac{m_1m_2G}{|q_1 - q_2|^3}(q_1 - q_2) + (-2\frac{m_1m_2G}{|q_1 - q_2|^3}(q_2 - q_1))$$
$$= -2\frac{m_1m_2G}{|q_1 - q_2|^3}(q_1 - q_2) + 2\frac{m_1m_2G}{|q_1 - q_2|^3}(q_1 - q_2) = 0$$
$$\Leftrightarrow p_1 + p_2 = const.$$

Daran erkennt man, dass in einem abgeschlossenem System mit zwei miteinander wechselwirkenden Körpern der Gesamtimpulserhalten bleibt. Für ein größeres n- Teilchensystem, indem nur die Teilchen untereinander wechselwirken und keine äußeren Kräfte erfahren, gilt für den k-ten Impuls:

$$\frac{d}{dt}p_k = \dot{p}_k = m\ddot{q}_i = -2m_kG\Sigma_{j\neq i}\frac{m_j}{|q_k - q_j|^3}(q_k - q_j)$$

Aus der Betrachtung der zeitlichen Ableitung des Gesamtimpulses ergibt sich (Summation Ăźber alle Teilchen im n- Teilchensystem)

$$\frac{d}{dt}P = \frac{d}{dt}\Sigma_i p_i = \frac{d}{dt}\Sigma_i m_i\dot{q}_i$$
$$= \Sigma_i m_i\ddot{q}_i = -2\Sigma_i\Sigma_{j\neq i}\frac{m_im_jG}{|q_j - q_j|^3}(q_i - q_j)$$
$$= -2\Sigma_i\Sigma_{j\neq i}\frac{m_im_jG}{|q_j - q_j|^3}q_i - 2\Sigma_i\Sigma_{j\neq i}\frac{m_im_jG}{|q_j - q_j|^3}(-q_j)$$
$$= -2\Sigma_i\Sigma_{j\neq i}\frac{m_im_jG}{|q_j - q_j|^3}q_i + 2\Sigma_i\Sigma_{j\neq i}\frac{m_im_jG}{|q_j - q_j|^3}q_j$$
$$= 0$$

17

Da die zweite Summe nur eine Umordnung der ersten Summe darstellt heben sich die einzelnen Summanden auf und die zeitliche Ableitung des Gesamtimpulses verschwindet.Daraus folgt, dass der Gesamtimpuls $P = \Sigma_{i=1}^{n} p_i$ im abgeschlossenen System zeitlich konstant ist und damit erhalten bleibt.

Als nächstes wird die Gesamtenergie der Gegenstand der Untersuchung sein. Zu zeigen ist $\frac{dH}{dt} = 0$. Das heißt die Summe der kinetischen und potentiellen Energie bleibt erhalten. Zur Erinnerung: Es gilt die Gleichung (14)

$$0 = m_i \ddot{q}_i + 2m_i G \Sigma_{j \neq i} \frac{m_j}{|q_j - q_i|^3}(q_i - q_j).$$

Betrachte die zeitliche Ableitung der Hamiltonfunktion für ein Zweiteilchensystem:

$$\frac{dH}{dt} = m_1 \ddot{q}_1 \dot{q}_1 + m_2 \ddot{q}_2 \dot{q}_2 + \frac{2m_1 m_2 G}{|q_1 - q_2|^3}(q_1 - q_2)\dot{q}_1 + \frac{2m_1 m_2 G}{|q_1 - q_2|^3}(q_2 - q_1)\dot{q}_2$$
$$= m_1 \ddot{q}_1 \dot{q}_1 + m_2 \ddot{q}_2 \dot{q}_2 - m_1 \ddot{q}_1 \dot{q}_1 - m_2 \ddot{q}_2 \dot{q}_2 = 0$$

Die Gesamtenergie für ein Zweiteilchensystem bleibt also erhalten. Für ein Vielteilchensystem gilt dann:

$$\frac{dH}{dt} = \Sigma_i m_i \ddot{q}_i \dot{q}_i + \Sigma_i \Sigma_{j \neq i} \frac{m_i m_j G}{|q_i - q_j|^3}(q_i - q_j)(\dot{q}_i - \dot{q}_j)$$
$$= -\Sigma_i \Sigma_{j \neq i} \frac{2m_i m_j G}{|q_i - q_j|^3}(q_i - q_j)\dot{q}_i + \Sigma_i \Sigma_{j \neq i} \frac{m_i m_j G}{|q_i - q_j|^3}(q_i - q_j)(\dot{q}_i - \dot{q}_j)$$
$$= -2\Sigma_i \Sigma_{j \neq i} \frac{m_i m_j G}{|q_i - q_j|^3}(q_i - q_j)\dot{q}_i + \Sigma_i \Sigma_{j \neq i} \frac{m_i m_j G}{|q_i - q_j|^3}(q_i - q_j)\dot{q}_i + \Sigma_i \Sigma_{j \neq i} \frac{m_i m_j G}{|q_i - q_j|^3}(q_j - q_i)(-\dot{q}_j)$$
$$= -\Sigma_i \Sigma_{j \neq i} \frac{2m_i m_j G}{|q_i - q_j|^3}(q_i - q_j)\dot{q}_i + \Sigma_j \Sigma_{i \neq j} \frac{m_i m_j G}{|q_i - q_j|^3}(q_j - q_i)\dot{q}_j$$
$$= 0$$

Da die zweite Summe nur eine Umordnung der ersten Summe darstellt heben sich die einzelnen Summanden auf (man kann dabei dann die Indizes i und j einfach in j und i umbenennen) und die zeitliche Ableitung der Gesamtenergie verschwindet. Daraus folgt, dass die Gesamtenergie $H = \Sigma_{i=1}^{n} m_i |\dot{q}_i|^2 + \Sigma_{i=1}^{n} \Sigma_{j \neq i} \frac{-m_i m_j G}{|q_i - q_j|}$ im abgeschlossenen System zeitlich konstant ist und damit erhalten bleibt. Wenn also die Lagrange Funktion bzw. damit die Hamiltonfunktion nicht explizit von der Zeit abhängig sind solgt $\frac{\partial L}{\partial t} = -\frac{\partial H}{\partial t} = 0$ und damit ist die Energie eine Erhaltungsgröße.

Bleibt also noch zu zeigen, dass der Gesamtdrehimpuls erhalten bleibt.

$$\frac{dD}{dt} = 0.$$

Für ein abgeschlossenes Vielkörpersystem ist

$$\dot{D} = \frac{d}{dt} \Sigma_i q_i \times p_i$$

$$\Leftrightarrow \dot{D} = \Sigma_i \underbrace{\dot{q}_i \times p_i}_{=0} + q_i \times \dot{p}_i = \Sigma_i m_i (q_i \times \ddot{q}_i)$$

18

$$\Leftrightarrow \dot{D} = -2\Sigma_i(q_i \times \Sigma_{j\neq i} \frac{m_i m_j G}{|q_i - q_j|^3}(q_i - q_j))$$

$$= -2\Sigma_i \Sigma_{j\neq i} \frac{m_i m_j G}{|q_i - q_j|^3}(q_i \times (q_i - q_j))$$

$$= -2\Sigma_i \Sigma_{j\neq i} \frac{m_i m_j G}{|q_i - q_j|^3}(\underbrace{q_i \times q_i}_{=0} - q_i \times q_j))$$

Dabei wurde die Distributivität des Kreuzproduktes ausgenutzt. Es gilt daher

$$\Leftrightarrow \dot{D} = -2\Sigma_i \Sigma_{j\neq i} \frac{m_i m_j G}{|q_i - q_j|^3}(-q_i \times q_j)$$

$$= 2\Sigma_i \Sigma_{j\neq i} \frac{m_i m_j G}{|q_i - q_j|^3}(q_i \times q_j)$$

$$= \Sigma_i \Sigma_{j\neq i} \frac{m_i m_j G}{|q_i - q_j|^3}(q_i \times q_j) + \Sigma_i \Sigma_{j\neq i} \frac{m_i m_j G}{|q_i - q_j|^3}(q_i \times q_j)$$

$$= \Sigma_i \Sigma_{j\neq i} \frac{m_i m_j G}{|q_i - q_j|^3}(q_i \times q_j) + \Sigma_i \Sigma_{j\neq i} \frac{m_i m_j G}{|q_i - q_j|^3}(-1)(q_j \times q_i)$$

$$= \Sigma_i \Sigma_{j\neq i} \frac{m_i m_j G}{|q_i - q_j|^3}(q_i \times q_j) - \Sigma_i \Sigma_{j\neq i} \frac{m_i m_j G}{|q_i - q_j|^3}(q_j \times q_i)$$

$$= 0$$

Hierbei wurde die Antisymmetrie des Kreuzproduktes benutzt, denn es gilt

$$0 = (q_i + q_j) \times (q_i + q_j) = \underbrace{q_i \times q_i}_{=0} + q_i \times q_j + q_j \times q_i + \underbrace{q_j \times q_j}_{=0}$$

$$= 0 + q_i \times q_j + q_j \times q_i + 0$$

$$\Rightarrow q_i \times q_j = -(q_j \times q_i)$$

So wird klar, dass in der zweiten Summe $-\Sigma_i \Sigma_{j\neq i} \frac{m_i m_j G}{|q_i - q_j|^3}(q_j \times q_i)$ die gleichen Summanden wie in der ersten Summe $\Sigma_i \Sigma_{j\neq i} \frac{m_i m_j G}{|q_i - q_j|^3}(q_i \times q_j)$ stehen. Die Indizes können wie oben beschrieben wieder umbenannt werden und die Summen heben sich gegeneinander auf. Damit bleibt auch der Gesamtdrehimpuls in einem konservativen Kraftfeld ohne äußere Einwirkungen erhalten.

9.1   Schwerpunktgeschwindigkeitserhaltung

In einem abgeschlossenen Vielteilchensystem bleibt der Gesamtimpuls erhalten. Der Gesamtimpuls ist gegeben durch $P = \Sigma_i p_i = \Sigma_i m_i \dot{q}_i$. Dieses kann geschrieben werden als

$$p = M\dot{R}$$

mit $M = \Sigma_i m_i$ und $R = \frac{1}{\Sigma_i m_i}\Sigma_i m_i q_i$. Dabei wird R als Schwerpunkt des Mehrkörpersystems bezeichnet. Die zeitliche Änderung von R ist:

$$\dot{R} = \frac{1}{M}\Sigma_i m_i \dot{q}_i = \frac{p}{M}$$

Aus der Gesamtimpulserhaltung folgt, dass die Schwerpunktsgeschwindigkeit eines abgeschlossenen Systems erhalten bleibt.

10 Übungen

An dieser Stelle sollen einige Übungsaufgaben angeführt werden. Zunächst geht es um das Aufstellen der Lagrangefunktion und das Bilden der Bewegungsgleichungen. Dafür dient Aufgabe 1 als Beispiel und die Aufgaben 2,3 und 4 als Übungen. Daran soll sich mit Aufgabe 5 eine Übung anschließen, bei der nicht nur die Bewegungsgleichung aufgestellt, sondern diese sogar gelöst werden soll. Um das Verständnis zur Aufgabe 5 zu erhöhen sollte vielleicht die Aufgabe 6 im Anschluss durchgelesen bzw. bearbeitet werden.

10.1 Beispiel: Aufgabe 1 - Das mathematische Pendel

Sei gemäß der Abbildung unten ein Punktteilchen der Masse m an einem Faden der Länge l an einem Stab angebaracht. Es liegt ein Freiheitsgrad bzw. eine verallgemeinerte Koordinate ϕ vor. Stellen Sie die Lagrange- Funktion und die Bewegungsgleichung auf!
Die Lage der Punktmasse m ist: (x, y): $x = l\sin(\alpha)$ und $y = l\cos(\phi)$.

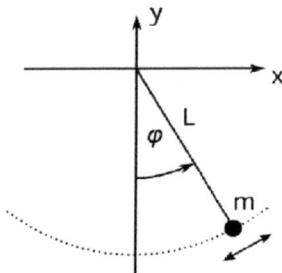

Abbildung 7: Das mathematische Pendel.

10.2 Lösung

Gesucht ist die Lagrange- Funktion $L = T - U$. Diese ergibt sich aus

$$T = \frac{1}{2}m(\dot{x}^2 + \dot{y}^2)$$

und

$$U = -mgl\cos(\phi).$$

Mit $\dot{x} = \dot{\phi}\cos(\phi)$ und $\dot{y} = -\dot{\phi}\sin(\phi)$ folgt

$$L = \frac{1}{2}ml^2\dot{\phi}^2 + mgl\cos(\phi).$$

Durch Einsetzen in die Euler- Lagrange- Gleichung gilt

$$\frac{d}{dt}\frac{\partial L}{\partial \dot{\phi}} - \frac{\partial L}{\partial \phi} = ml^2\ddot{\phi} - (-mgl\sin(\phi)) = ml^2\ddot{\phi} + mgl\sin(\phi) = 0.$$

Für die Bewegungsgleichung erhält man daraus

$$0 = \ddot{\phi} + \frac{g}{l}\sin(\phi).$$

Dies ist die Bewegungsgleichung für ein ebenes mathematisches Pendel.
Im Buch von Prof. Dr. Walter Grainer [2] ist auf den Seiten 307,308 eine Gegenüberstellung der jeweiligen Formalismen im Bezug auf das Pendel nachzulesen. Die Ergebnisse für die Bewegungsgleichung sind natürlich immer dieselben.
Warum bleibt die die Energie nicht erhalten? Diese Frage soll kurz erörtert werden. Wenn ein Fadenpendel aus seiner Ruhelage in eine höher gelegene Position ausgelenkt wird, dass muss dafür eine Hubarbeit verrichtet werden, und der Pendelkörper besitzt nun Lageenergie (potentielle Energie). Wird der Körper losgelassen, dann wandelt sich diese potentielle Energie in kinetische Energie um. Beim Durchgang in der eigentlichen Ruhelage besitzt die kinetische Energie ihr Maximum. Diese kinetische Energie wandelt sich anschließend in potentielle Energie um, bis der Umkehrpunkt erreicht ist, in dem Pendelkörper momentan still steht und die kinetische Energie ihr Maximum annimmt. Dieser Vorgang läuft dann in die andere Richtung ab etc. Dieser periodische Vorgang nimmt eine gewisse Zeit in Anspruch. Die Schwingungsweite nimmt aber mit zunehmender Zeit ab. Irgendwann kommt die Bewegung bzw. der Schwingungvorgang sogar zum Erliegen. Die Ursache ist schnell gefunden. Der Pendelkörper bewegt sich schließlich in Luft und erfährt dort eine Luftwiderstandskraft. Wird diese verringert, so verlängert sich die Zeitdauer des Schwingungsvorgangs vom Anfang bis zum schließlichen Stillstand. Betrachtet man dieses System ohne Einwirkung äußerer Kräfte so läuft der Vorgang unendlich lange ab.

10.3 Aufgabe 2 - Das aufrechte Pendel

Bestimmen Sie die Lagrange- Funktion und Bewegungsgleichungen des folgenden Systems: Sei m eine Punktmasse auf einem masselosen Stab der Länge l, der seinerseits an einem Scharnier befestigt ist. Das Scharnier oszilliert in vertikaler Richtung mit $h(t) = h_0 \cos(\omega)t$. Der einzige Freiheitsgrad ist der Winkel α, der zwischen dem Stab und der vertikalen gemessen wird. Die Lage der Punktmasse m ist (x,y): $x = l\sin(\alpha)$ und $y = h(t) + l\cos(\alpha) = h_0\cos(\omega t) + l\cos(\alpha)$.

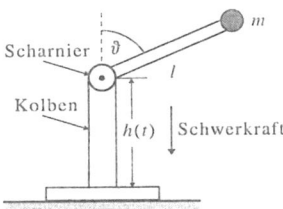

Abbildung 8: Aufrechtes Pendel. Aus [2] S.258.

10.4 Lösung

Die Differentiation dieser Gleichungen für die Lage der Punktmasse ergibt

$$\dot{x} = \dot{\alpha}\cos(\alpha)$$

und

$$\dot{y} = -\omega h_0 \sin(\omega\alpha) - \dot{\alpha}\sin(\alpha).$$

Damit ergeben sich die Gleichungen für die kinetische und potentielle Energie:

$$T = \frac{1}{2}m(\dot{x}^2 + \dot{y}^2) = \frac{1}{2}m(\dot{\alpha}^2 l^2 + \omega^2 h_0^2 \sin^2(\omega t) + 2\omega h_0 \dot{\alpha} l \sin(\alpha) \sin(\omega t))$$

und

$$U = mgy = mg(h_0 \cos(\omega t) l \cos(\alpha)).$$

Damit ergibt sich die Lagrange- Funktion

$$L = T - U = \frac{m}{2}[\dot{\alpha}^2 l^2 + \omega^2 h_0^2 \sin^2(\omega t) + 2\omega h_0 \dot{\alpha} l \sin(\alpha) \sin(\omega t) - 2g(h_0 \cos(\omega t) l \cos(\alpha))].$$

Die Lagrange- Gleichung lautet dann

$$\frac{d}{dt}\frac{\partial L}{\partial \dot{\alpha}} - \frac{\partial L}{\partial \alpha} = 0.$$

Mit

$$\frac{\partial L}{\partial \dot{\alpha}} = ml^2 \dot{\alpha} + m\omega h_0 l \sin(\alpha) \sin(\omega t),$$

$$\frac{d}{dt}\frac{\partial L}{\partial \dot{\alpha}} = ml^2 \ddot{\alpha} + m\omega h_0 l \dot{\alpha} \cos(\alpha) \sin(\omega t) + m\omega^2 h_0 l \sin(\alpha) \cos(\omega t)$$

und

$$\frac{\partial L}{\partial \alpha} = m\omega h_0 \dot{\alpha} l \cos(\alpha) \sin(\omega t) + mgl \sin(\alpha)$$

$$\Rightarrow 0 = l^2 \ddot{\alpha} + \omega h_0 l \dot{\alpha} \cos(\alpha) \sin(\omega t) + \omega^2 h_0 l \sin(\alpha) \cos(\omega t) - \omega h_0 \dot{\alpha} l \cos(\alpha) \sin(\omega t) - gl \sin(\alpha)$$

bzw.

$$0 = l\ddot{\alpha} + \omega^2 h_0 \sin(\alpha) \cos(\omega t) - g \sin(\alpha).$$

Formt man diese Bewegungsgleichung in eine einfachere Form um, so muss man durch Substitution

$$\alpha' = \alpha + \pi \Rightarrow \sin(\alpha) = -\sin(\alpha).$$

Für kleine Auslenkungen ist $-\sin(\alpha) = -\alpha'$, d.h.

$$l\ddot{\alpha}' + (g - \omega^2 h_0 \cos(\omega t))\alpha' = 0$$

Das ist die gesuchte bewegungsgleichung. Ruht der Kolben so gilt und man erhält

$$\ddot{\alpha}' + \frac{g}{l}\alpha' = 0$$

als Bewegungsgleichung, die der des gewönlichen Pendels entspricht.

10.5 Aufgabe 3 - Kugel am rotierendem Rohr

Als weiteres und letztes Beispiel zum Lagrangeformalismus soll ein Problem mit einer holonomen, rheonomen Zwangsbedingung bearbeitet werden. Eine Kugel befindet sich an einem Rohr, das in der $x-y-$ Ebene mit der konstanten Winkelgeschwindigkeit ω umd die $z-$Achse rotiert.

22

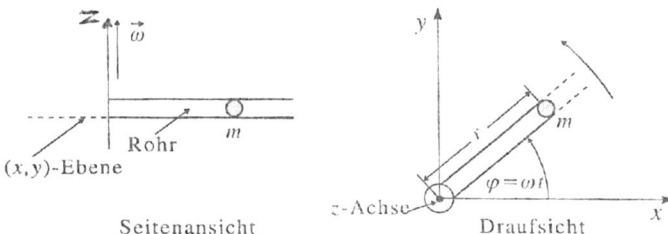

Abbildung 9: Eine Kugel der Masse m befindet sich an einem rotierenden Rohr. Aus [2] S.257.

Diese Anordnung besitzt einen Freiheitsgrad. Dementsprechend ist auch nur eine generalisierte Koordinate zur vollständigen Beschreibung des Bewegungszustandes des Systems erforderlich, nämlich der radiale Abstand r der Kugel vom Rotationszentrum. Es gilt $x = r\cos(\omega t)$ und $y = r\sin(\omega t)$.

10.6 Lösung

Die Lagrange- Funktion $L = T - U$ lautet

$$L = \frac{1}{2}m(\dot{x}^2 + \dot{y}^2) = \frac{1}{2}m(\dot{r}^2 + \omega^2 r^2),$$

wenn man beachtet, dass bei dieser Anordnung das Potential $V = 0$ ist. Man bildet nun

$$\frac{d}{dt}\frac{\partial L}{\partial \dot{r}} = m\ddot{r}$$

und

$$\frac{\partial L}{\partial r} = m\omega^2 r.$$

Es ergibt sich für die Euler- Lagrange- Gleichung

$$m\ddot{r} - m\omega^2 r = 0$$

bzw.

$$\ddot{r} - \omega^2 r = 0.$$

Diese Differentialgleichung, die bis auf das Minuszeichen der des ungedämpften harmonischen Oszillators entspricht, besitzt eine allgemeine Lösung vom Typ

$$r(t) = A\exp(\omega t) + B\exp(-\omega t).$$

Für wachsende Zeit t wird auch dieser Ausdruck immer Größer, d.h.

$$\lim_{t\to\infty} r(t) = \infty$$

für $A > 0$. Physikalisch gesehen bedeutet das, dass die Kugel infolge der Zentrifugalkraft, die durch die Rotation der Anordnung entsteht, immer weiter nach außen geschleudert wird. Die Energie der Kugel nimmt demnach zu. Das liegt daran, dass die Zwangskraft der Kugel eine Arbeit verrichtet. Die Zwangskraft steht zwar senkrecht auf der Rohrwand, jedoch nicht orthogonal auf der Bahnkurve der Kugel, folglich verschwindet das Produkt $\vec{F}\delta\vec{s}$ nicht.

23

10.7 Aufgabe 4 - Zwei durch Stangen verbundene Klötze

Zwei Klötze gleicher Masse m, die durch eine starre Stange der Länge l verbunden sind, bewegen sich reibungsfrei entlang eines vorgegebenen Weges (siehe dazu Abbildung). Die Erdanziehung wirkt in Richtung der negativen y- Achse. Die generalisierten Koordinate ist entsprechend dem einen Freiheitsgrad des Systems der Winkel α. Für die Relativabstände zum Ursprung von x und y gilt: $x = l\cos(\alpha)$ und $y = l\sin(\alpha)$. Bestimmen Sie die Lagrange- Funktion und die Bewegungsgleichungen!

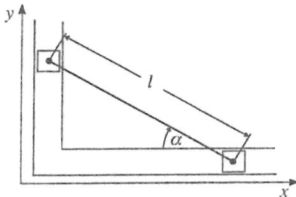

Abbildung 10: Zwei durch eine Stange verbundene Klötze. Aus [2] S.254.

10.8 Lösung

Es soll die Lagrange- Funktion $L = T - U$ bestimmt werden. Die kinetische Energie des Systems ist

$$T = \frac{1}{2}m(\dot{x}^2 + \dot{y}^2).$$

Dazu bildet man $\dot{x}$ und $\dot{y}$:

$$\dot{x} = -l\sin(\alpha)\dot{\alpha}$$

und

$$\dot{y} = l\cos(\alpha)\dot{\alpha}.$$

Damit ergibt sich kinatische Energie als

$$T = \frac{1}{2}m(l^2\sin^2(\alpha))\dot{\alpha}^2 + l^2\cos^2(\alpha))\dot{\alpha}^2) = \frac{1}{2}ml^2\dot{\alpha}^2.$$

Für das Potential in diesem konservativen System gilt

$$U = mgy = mgl\sin(\alpha).$$

Daraus resultiert dann die Lagrange- Funktion

$$L = \frac{1}{2}ml^2\dot{\alpha}^2 - mgl\sin(\alpha).$$

Setzt man dies in die Euler- Lagrange- Gleichung ein so folgt

$$0 = \frac{d}{dt}\frac{\partial L}{\partial\dot{\alpha}} - \frac{\partial L}{\partial\alpha} = \frac{d}{dt}(ml^2\dot{\alpha}) + mgl\cos(\alpha)$$

bzw.

$$0 = ml^2\ddot{\alpha} + mgl\cos(\alpha)$$
$$0 = \ddot{\alpha} + \frac{g}{l}\cos(\alpha).$$

Wie man an der Bewegunggleichung sieht, handelt es sich um eine Pendelbewegung für den Winkel α. Das heißt, die Klötze vollführen eine Pendelbewegung. Allerdings nicht in dem eigentlichen, umgangssprachlichen Sinne des Begriffes „ pendeln ", denn nach einer viertel Periode ist keine Bewegung mehr vorhanden, da der Klotz auf den Boden aufschlägt und dort verweilt. Würde man beim mathematischen Pendel in der Mitte eine Wand aufstellen, gelangt man ebenso zu einer Bewegungsgleichung einer Pendelwbewegung, nur dass die Masse dann auch nur bis zur Wand „ pendelt " und dort verweilt.

10.9   Aufgabe 5 - Die Enegieerhaltung im freien Fall

Stelle die Euler- Lagrange- Gleichung für

$$L = \frac{1}{2}m|\dot{q}|^2 - mgq$$

auf und löse sie. Bleibt die Energie erhalten?

10.10   Lösung

Die Lagrangefunktion ist die folgende

$$L = \frac{1}{2}m|\dot{q}|^2 - mgq$$

Euler- Lagrange- Gleichung:

$$\Rightarrow 0 = m\ddot{q} - mg$$

$$\Rightarrow m\ddot{q} = mg$$

$$\Rightarrow \ddot{q} = g$$

Erste Lösungsvariante:
Es liegt eine inhomogene lineare Differentialgleichung zweiter Ordnung vor. Die Lösung setzt sich zusammen aus der Lösung der homogenen Gleichung und eine Lösung der inhomogenen Gleichung also eine partikuläre Lösung. Betrachte also die Lösung der inhomogenen Gleichung:

$$\ddot{q} = 0.$$

Daraus folgt, dass die Lösung eine lineare Funktion der Form $a+bt$ ist, denn die zweite Ableitung muss verschwinden. Betrachte nun eine Lösung der inhomogenen Gleichung:

$$\ddot{q} = g.$$

Daraus folgt, dass die Lösung der Form $\frac{1}{2}gt^2$ ist, denn die zweite Ableitung muss g entsprechen. Daraus resultiert die Lösung der Differentialgleichung:

$$q(t) = a + bt + \frac{1}{2}gt^2$$

Nun betrachte man die Koeffizenten a und b. Zum Zeitpunkt $t = 0$ liegt eine Anfangshöhe vor. Bezeichne diese als q_0. Wenn man die Geschwindigkeit betrachtet, also die erste Ableitung der Lösung, so wird deutlich, dass eine Anfangsgeschwindigkeit vorliegt. Diese muss nicht Null sein, denn ich dann dem Teilchen auch einen gewissen Impuls geben, sodass eine Anfangsgeschwindigkeit ungleich Null vorliegt. Diese bezeichne nun als $\dot{q}_0$.

$$\Rightarrow q(t) = q_0 + \dot{q}_0 t + \frac{1}{2}gt^2$$

Betrachte den Aspekt der Energieerhaltung.

$$\frac{\partial H}{\partial t} = -\frac{\partial L}{\partial t} = -m\dot{q}\ddot{q} + mg\dot{q} = -m\dot{q}\ddot{q} + m\ddot{q}\dot{q} = 0$$

Die Impulserhaltung ist bei konstantem Potential auch eine Erhaltungsgröse (analog zu Anwendung 1).

Zweite Lösungsvariante:
Gesucht ist eine Gleichung für die Geschwindigkeiten und Orte.

$$\ddot{q} = \frac{d\dot{q}}{dt}$$

Trennung der Variablen ergibt

$$d\dot{q} = \ddot{q}dt.$$

mit Integration über beide Variablen folgt

$$\int_{\dot{q}_0}^{\dot{q}} d\dot{q} = \int_0^t \ddot{q}dt.$$

$$\dot{q} - \dot{q}_0 = \ddot{q}t + C$$

$$\Rightarrow \dot{q}(t) = \dot{q}_0 + \ddot{q}t + C$$

Die Integrationskonstante C muss 0 sein, da die Anfangsgeschwindigkeit zum Zeitpunkt $t = 0$ vorliegt.

$$\dot{q}(0) = \dot{q}_0 + \ddot{q} \cdot 0 = \dot{q}_0$$

$$\Rightarrow \dot{q}(t) = \dot{q}_0 + \ddot{q}t$$

Dies ist die Geschwindigkeitsgleichung für den freien Fall ohne Luftwiderstand.

$$\dot{q} = \frac{dq}{dt}$$

Die Trennung der Variablen ergibt

$$\dot{q}dt = dq.$$

Per Integration über beide Variablen folgt

$$\int_{q_0}^{q} dq = \int_{\dot{q}_0}^{\dot{q}} \dot{q}dt$$

$$q - q_0 = \dot{q}t + \frac{1}{2}\ddot{q}t^2 + C$$

Die Integrationskonstante C muss 0 sein, da zum Zeitpunkt $t = 0$ die momentane Höhe $q = q_0$ ist.

$$q(0) = q_0 + \dot{q} \cdot 0 + \frac{1}{2}\ddot{q} \cdot 0^2 + \underbrace{C}_{=0} = q_0$$

$$\Rightarrow q(t) = q_0 + \dot{q}_0 t + \frac{1}{2}gt^2$$

Dies stellt die Ortsgleichung für den freien Fall ohne Luftwiderstand dar. Die Energieerhaltung erfolgt dann analog zur ersten Lösungsvariante.

10.11 Aufgabe 6 - Die Energieerhaltung im freien Fall - mathematisch vereinfacht

Überprüfe die Vorstellung, dass Energie erhalten bleibt am Beispiel eines Körpers im freien Fall! Betrachte hierzu die kinetische und potentielle Energie zu Beginn, nach einer bestimmten Fallstrecke und am Boden.

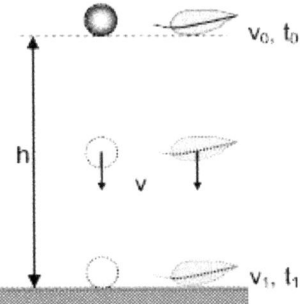

Abbildung 11: Zwei unterschiedliche Körper im freien Fall.

10.12 Lösung

Die Energieerhaltung soll am freien Fall eines Körpers überprüft werden. Hier wird von der Luftreibung abgesehen, so dass folgende Zusammenhänge gelten:

$$s = \frac{1}{2}gt^2$$
$$v = gt.$$

Wird $t = \frac{v}{g}$ in s eingesetzt, so folgt

$$s = \frac{1}{2}\frac{v^2}{g}$$

Der Körper werde aus einer Höhe h über dem Boden fallen gelassen. Der Boden stellt das Nullniveau für die potentielle Energie dar.

Im ersten Zustand wird der Körper aus der Ruhelage heraus fallen gelassen. Die Gesamtenergie entspricht der potentiellen Energie, d.h. $mgh = E_{pot} = E_1$ und $E_{kin} = \frac{1}{2}mv^2 = 0$. Im zweiten Zustand hat der betrachtete Körper einen gewissen Weg s mit $0 < s < h$ zurückgelegt. Dabei hat sich die potentielle Energie verringert. Die kinetische Energie ist allerdings gestiegen.

$$E_2 = E_{pot} + E_{kin} = mg(h-s) + \frac{1}{2}mv^2 = mgh - mgs + \frac{1}{2}2mgs = mgh = E_1$$

Im dritten Zustand ist der Körper am Boden angekommen und die potentielle Energie hat sich vollständig in eine andere Energie umgewandelt. Man nimmt an, es handelt sich um die kinetische Energie.

$$E_3 = E_{kin} = \frac{1}{2}mv^2 = \frac{1}{2}2mg\underbrace{s}_{=h} = mgh = E_1$$

Also ist zu jedem Zeitpunkt des freien Falls die Energie gleich der anfänglich vorhandenen Gesamtenergie. Die Gesamtenergie bleibt also erhalten.

Literatur

[1] J.E. Marsden, T.S. Ratiu *Einführung in die Mechanik und Symmetrie*, Springer, 2001

[2] Greiner, Walter *Klassische Mechanik 2 - Teilchensysteme, Lagrange- Hamiltonsche Mechanik, nichtlineare Phänomene*, Harri Deutsch, Frankfurt am Main, 2003

[3] L.D. Landau, E. M. Lifschitz *Lehrbuch der theoretischen Physik - Band 1 - Mechanik* Akademieverlag, Berlin, 1990

[4] *http://www.go-simplexx.de/downloads/Studien/Newton%20vs.%20Lagrange% 20vs.%20Hamilton%20%20auf%20Kotangentialbuendel.pdf* , 15.08.2011 10:23 Uhr

[5] *http://www.ph.tum.de/studium/praktika/ferienkurse/2008w/fk_mech_02_skript.pdf* , 15.08.2011 14:58 Uhr

[6] *http://theory.gsi.de/ ~vanhees/faq/lagrange/node1.html* , 15.08.2011 15:49 Uhr

[7] *http://wwwcp.tphys.uni-heidelberg.de/admin/vorlesung/skript/mechanik-lagrange.pdf* , 17.08.2011 16:44 Uhr

[8] *http://www.mpe.mpg.de/ ~simonbr/dateien/kapitel5.pdf* , 17.08.2011 18:16 Uhr

[9] *http://www.jkrieger.de/download/theomech_tutorial.pdf* , 18.08.2011 9:01 Uhr

[10] *http://www.sprott.net/science/physik/taschenbuch/daten/kap_2/node129.htm* , 18.08.2011 9:56 Uhr

[11] *http://141.20.44.172/ede/04mechanik/041215.pdf* , 18.08.2011 10:34 Uhr

[12] *http://141.20.44.172/ede/skripten/04mechall.pdf* , 21.08.2011 16:46 Uhr

[13] *http://e1.physik.tu-dortmund.de/Physik3_0506/Vorlesung_Stolze/par_48.pdf* , 21.08.2011 17:23 Uhr

[14] *http://wptl12.physik.uni-wuppertal.de/index.php/documents/cat_view/49-skripte-zu-vorlesungen?orderby=dmdate_published* dann Skript zur Vorlesung 'Theoretische Physik I' als boas1.pdf, 21.08.2011 21:35 Uhr

[15] *http://www.math.uni-augsburg.de/ana/dyn_sys/books/Abschnitt32.pdf* , 21.08.2011 08:08 Uhr

[16] *http://wwwkph.kph.uni-mainz.de/A4//vorl_ws9798/vorl5/vorl5.html*, 21.09.2011 18:35 Uhr

[17] *http://wwwkph.kph.uni-mainz.de/A4//vorl_ws9798/vorl7/vorl7.html*, 21.09.2011 18:38 Uhr

[18] *http://wwwkph.kph.uni-mainz.de/A4//vorl_ws9798/vorl8/vorl8.html*, 21.09.2011 19:57 Uhr

[19] *http://www.dieter-heidorn.de/Physik/VS/Mechanik/K07_ArbeitEnergie/K04_Energieerhaltung/K04_Energieerhaltung.html* , 22.09.2011 14:55 Uhr

[20] Martin Mayr *Technische Mechanik- Statik, Kinematik, Kinetik, Schwingungen, Festigkeitslehre* , Hanser, 2003

[21] *http://www.physik.tu-dresden.de/ ~timm/personal/teaching/mech_s11/Theoretische_Mechanik.pdf* , 01.10.2011 18:23 Uhr

[22] *http://www.mathematik.hu-berlin.de/ ~jnaumann/web/ausarbeitungen/fundamentallemma.pdf* , 14.10.2011 9:11 Uhr

[23] *http://www.ifam.uni-hannover.de/ ~seiler/skript/skript_var.pdf* , 14.10.2011 9:15 Uhr